有趣的分子科学

大自然中的分子奥秘

张国庆/著
李　进/绘

中国科学技术大学出版社

内 容 简 介

大自然美丽且神秘，不知不觉她已经让树叶变绿，让花朵盛开，让果实成熟。本书讲述了叶绿素、乙烯、甲烷、吲哚等分子是如何在自然变化中起作用的，引发读者探索自然的好奇心。

图书在版编目(CIP)数据

大自然中的分子奥秘/张国庆著；李进绘. —合肥：中国科学技术大学出版社，2019.5(2021.5 重印)
(前沿科技启蒙绘本·有趣的分子科学)
“十三五”国家重点图书出版规划项目
ISBN 978-7-312-04691-1

Ⅰ.大… Ⅱ.①张… ②李… Ⅲ.分子—普及读物 Ⅳ.O561-49

中国版本图书馆 CIP 数据核字(2019)第 082699 号

出版 中国科学技术大学出版社
安徽省合肥市金寨路 96 号，230026
http://press.ustc.edu.cn
https://zgkxjsdxcbs.tmall.com

印刷 合肥华云印务有限责任公司

发行 中国科学技术大学出版社

经销 全国新华书店

开本 787 mm×1092 mm 1/12

印张 4

字数 35 千

版次 2019 年 5 月第 1 版

印次 2021 年 5 月第 4 次印刷

定价 40.00 元

序一

一项创新性科技，从它产生到得到广泛应用，通常会经历三个阶段：第一个阶段，公众接触一个全新领域的时候，觉得这个东西“不靠谱”；第二个阶段，大家对于它的科学性不怀疑了，但觉得这个技术走向应用却“不成熟”；第三个阶段，这项新技术得到广泛、成熟应用后，人们又可能习以为常，觉得这不是什么“新东西”了。到此才完成了一项创新性技术发展的全过程。比如我觉得量子信息技术正处于第二阶段到第三阶段的转换过程当中。正因为这样，科技工作者需要进行大量的科普工作，推动营造一个鼓励创新的氛围。从我做过的一些科普活动来看，效果还是不错的，大众都表现出了对量子科技的浓厚兴趣。

那什么是科普呢？它是指以深入浅出、通俗易懂的方式，向大众介绍自然科学和社会科学知识的一种活动。其主要功能是通过提高公众的科学素质，使公众通过了解基本的科学知识，具有运用科学态度和方法判断及处理各种事务的能力，从而具备求真唯实的科学世界观。如果说科技创新相当于建设科技强国的“尖兵”和“突击队”，科普的作用就相当于夯实全民的科学基础。目前，我国的科普工作已经有越来越多的人参与，但是还远远不能满足大众对科学知识获取的需求。

我校微尺度物质科学国家研究中心张国庆教授撰写的这套“有趣的分子科学”原创科普绘本，针对日常生活中最常见的场景，深入浅出地为大家讲述这些场景中可能“看不见、摸不着”但却存在于我们客观世界中的分子，目的是让大家能够从一个更微观、更科学、更贴近自然的角度来理解我们可能已经熟知的事情或者物体。这也是我们所有科研人员的愿景：希望民众能够走近科学、理解科学、热爱科学。

今天，我们共同欣赏这套兼具科学性与艺术性的“有趣的分子科学”原创科普绘本。希望读者能从中汲取知识，应用于学习和生活。

潘建伟
中国科学院院士
中国科学技术大学常务副校长

序 二

随着扎克伯格给未满月的女儿读《宝宝的量子物理学》的照片在“脸书”上走红，《宝宝的量子物理学》迅速成为年轻父母的新宠。之后，其作者——美国物理学家 Chris Ferrie 也渐渐走进了人们的视线。国人感慨：什么时候我们的科学家也能为我们的娃娃写一本通俗易懂又广受国人喜爱的科学绘本呢？

今天我非常高兴地向大家推荐由中国科学技术大学年轻的海归教授张国庆撰写的这套“有趣的分子科学”科普图书。张国庆教授的研究领域是荧光软物质的设计与合成、分子材料的电子和电荷转移、单分子荧光成像的合成以及光物理。他是一位年轻有为的青年科学家，在繁忙的教学科研工作之余，运用自己丰富的科学知识和较高的科学素养，用生动、活泼、简洁、易懂的语言，为我国读者呈现了这套科学素养普及图书，在全民科普教育方面进行了有益的尝试，这彰显了一位科学工作者的社会责任感。

这套书用简明的文字、有趣的插图，将我们日常生活中遇到的、普遍关心的问题，用分子科学的相关知识进行了科学的阐述。如睡前为什么要喝一杯牛奶，睡前吃糖好不好，为什么要勤洗澡勤刷牙，为什么要多运动，新衣服为什么要洗后才穿，如何避免铅、汞中毒，双酚 A、荧光剂又是什么，为什么要少吃氢化植物油、少接触尼古丁、少喝勾兑饮料、少吃烧烤食品，以及什么是自由基、什么是苯并芘分子、什么是苯甲酸钠等问题，用分子科学的知识和通俗易懂的语言加以说明，使得父母和孩子在轻松愉快的亲子阅读中，掌握基本的分子科学知识，也使得父母可以将其中的科学道理运用到生活中去，为孩子健康快乐的成长保驾护航。

希望这套“有趣的分子科学”丛书能够唤起孩子们的好奇心，引导他们走进奇妙的化学分子世界，让孩子们从小接触科学、热爱科学，成为他们探索未知科学世界的启蒙丛书。本丛书适合学生独立阅读，但更适合作为家长的读物，然后和孩子们一起分享！

杨金龙

中国科学院院士

中国科学技术大学副校长

前　言

我们的世界是由分子组成的，从构成我们身体的水分子、脂肪、蛋白质，到赋予植物绿色的叶绿素，到让花儿充满诱人香气的吲哚，到保护龙虾、螃蟹的甲壳素，到我们呼吸的氧气分子，以及为我们生活带来革命性便捷的塑料。对于非专业人士来说，这个听起来这么熟悉的名词——“分子”到底是个什么东西呢？我们怎么知道分子有什么用，或者有什么危害呢？

大多数分子很小，尺寸只有不到 0.000000001 米，也就是不足 1 纳米。当分子的量很少时，我们也许无法直接通过感官系统来感觉到它们的存在，但是它们所起到的功能或者破坏力却可能会很明显。人们发烧时，主要是因为体内存在很少量的炎症分子，此时如果服用退烧药，退烧药分子就可以进入血液和这些炎症分子粘在一起，使炎症分子无法发挥功效，从而使人退烧。很多昆虫虽然不会说话，但它们可以通过释放含量极低的“信息素”分子互相进行沟通。而有时候含量很低的分子，例如烧烤食物中含有的苯并芘分子，食用少量就可能会导致癌细胞的产生。所以分子不需要很多量的时候也能发挥宏观功效。总而言之，分子虽小，功能可不小，它们关系到人们的生老病死，并且构成了我们吃、穿、住、用、行的基础。

不同于其他科普书，这套“有趣的分子科学”丛书采用了文字和艺术绘画相结合的手法，巧妙地把科学和艺术融合在一起，读者在学到分子知识的同时，也能欣赏到艺术价值很高的手绘作品，使得这套丛书有更高的收藏价值。绘画作品均由青年画家李进完成。大家看完书后，不要将其束之高阁，不妨从中选取几张喜欢的绘画作品装裱起来，这不但是艺术品，更是蕴含着温故知新的科学！

本套书在编写过程中得到了很多人的帮助，特别是陈晓锋、王晓、黄林坤、胡衍、王涛、赵学成、韩娟、廖凡、裴斌、陈彪、黄文环、侯智耀、陈慧娟、林振达、苏浩等在前期资料收集和后期校对工作中都付出了辛勤的劳动，在此一并表示感谢。

想学习更多科普知识，扫描封底二维码，关注“科学猫科普”微信公众号，或加入“有趣的分子科学”QQ 群（号码 :654158749）参与讨论。

目　录

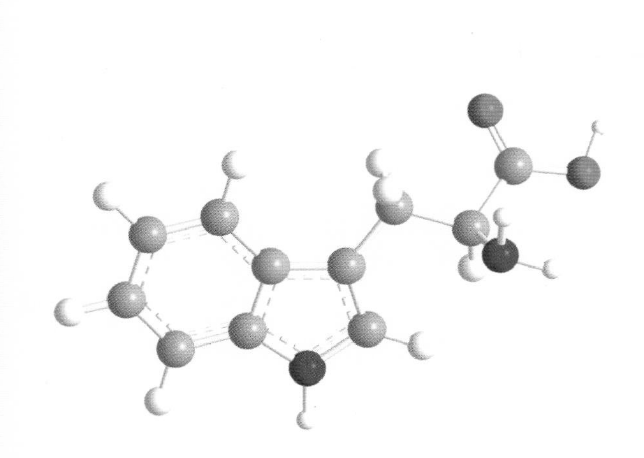

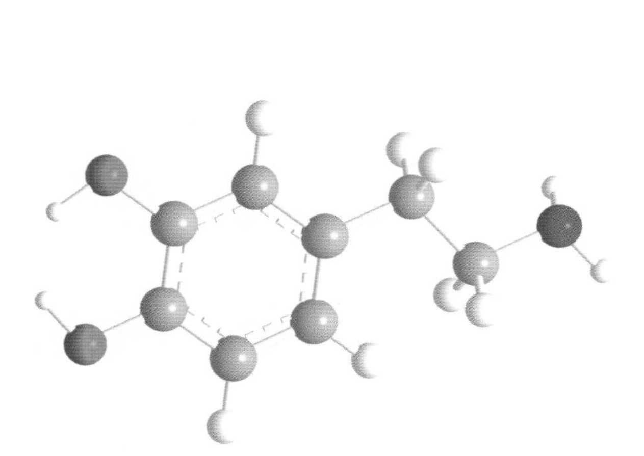

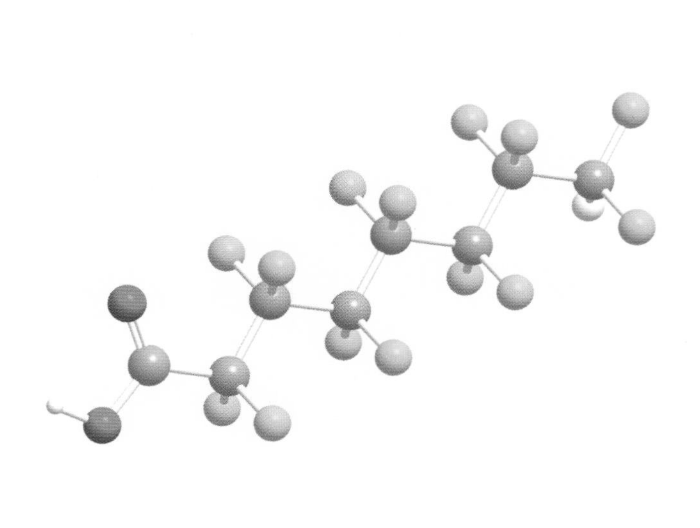

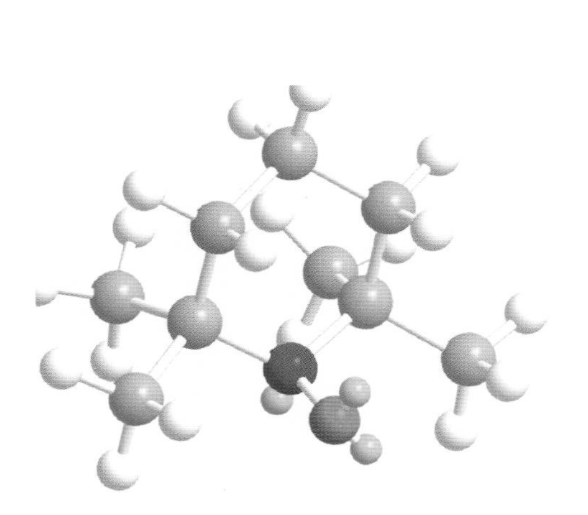

为什么大多数的植物是绿色的？

图说▶

夕阳西下，晚霞染红了大地。水天一色的湖面，绯红里渗透着丝丝斑斓。归巢的水鸟，摇曳的水草，万物都沐浴在这满天霞光中，亦幻亦真。可绝大部分植物仍呈现出绿色，这究竟是为什么呢？

大多数植物是绿色的，而不是其他颜色，这是因为植物的叶子里含有一种叫作叶绿素的分子，它主要由一个“中空大环”结构的有机分子和“嵌在环中心”的镁离子构成。

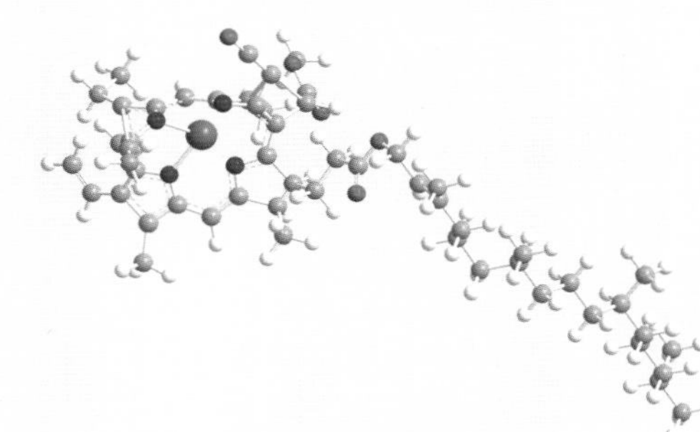

叶绿素分子结构示意图

自然光由蓝紫光、绿光和红光构成，而叶绿素会吸收其中的红光和蓝紫光，但不吸收绿光，因而当绿光被叶子反射进我们的眼睛时，我们就看到了绿色的叶子。虽然某些植物的叶子不是绿色的（例如秋海棠的叶子是紫红色的，这是由于它们叶子中还含有其他色素），但它们的叶子里也含有叶绿素，因为叶绿素是植物获得能量不可或缺的成分。

叶绿素吸收阳光后，把经由气孔进入叶子内部的二氧化碳和由根部吸收的水转变成葡萄糖，同时释放出氧气，这就是我们常说的“光合作用”。光合作用为地球上几乎一切生物提供了食物来源，堪称生命之源。

当秋季来临时，叶绿素的含量会渐渐变少，没有了叶绿素的叶子也会在短时间内变成其他颜色。

小贴士

平时，在家中种植一些绿色的盆栽，可以在一定程度上保持家中空气清新。另外，像绿萝、吊兰、芦荟等植物还可以起到吸收有害气体的作用。

水分子

水的来源在哪里？

图说▶

凝望着远处，烟尘滚滚，岩浆冲腾，火山在肆意喧哗。丝丝雨线，温柔而缠绵，轻轻拨弄着心弦，仿佛唤醒了封存已久的疑惑。雨从哪里来？水的来源又在哪里？

水分子由一个氧原子和两个氢原子构成，化学式为 H_2O。

地面的江河湖海通过蒸发产生水蒸气，水蒸气在大气中上升过程中遇冷凝结后又会变成雨落下来，如此反复，就形成了地表水循环。

那么，地球上的水到底是从哪儿来的呢？目前主要有两种假说：一种假说是，地球早期经受了彗星的撞击，这些彗星携带着大量的水到达地球；另一种假说是，地球上的水其实是来自地球内部，主要存储在上层地幔。目前，科学家已经证明地幔是一个超级蓄水池，其含水量是地球表面水量的3倍。

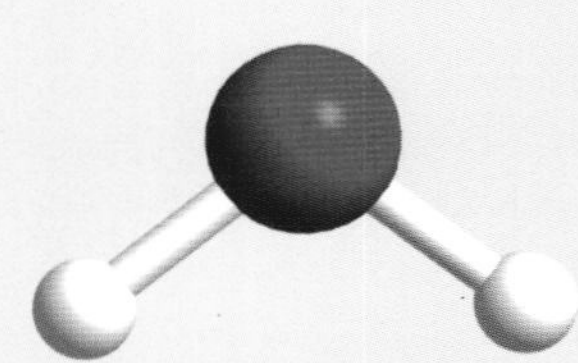

水分子结构示意图

地球内部的水又是如何跑到地球表面的呢？地球形成后，地壳运动导致大量的火山喷发。从目前对现代火山喷发的研究来看，火山喷发出的气体中水蒸气的含量占比在75%以上，火山口岩浆的平均含水量达6%，最高可达12%。所以，火山喷发将大量地幔层的水带到了地球表面，这极有可能是早期地表水产生的原因。

既然地球表面上的液态水极有可能来自地球内部，那么，其他地表不含水的固体行星内部是否也会存在大量的水呢？如果它们和地球类似，或许若干年以后，这些星球上也会出现液态水，不过这还需要科学研究来证明。

小贴士

我国著名的旅游胜地长白山天池就是由火山喷发形成的，是中国最大的火山湖。据研究考证，火星上曾经也出现过丰富的液态水。科学家们认为这是由于火星表面火山爆发，从而将火星内部的水带到表面。

溶洞现象

为什么滴水可以穿石？

图说

流水潺潺，波光倒影，少年在水中嬉戏，岸边溶洞中的水滴声，像是古乐器在岁月长河的拨弄下发出的黄钟大吕，悠远绵长。岩石表面的坑坑洼洼，仿佛诉说着与水滴经年累月相伴的故事。为什么“柔软”的水滴竟能将“坚硬”的石头滴穿呢？

“水滴石穿”的原因不止一种，是物理作用和化学作用的综合结果。一方面，水滴在下落过程中受到重力加速度的影响，滴落的速度会越来越快，当水滴接触到地面上的石头时，会对石头造成冲击，致使石头发生微小的变化。日复一日、年复一年，石头因受到无数次的冲击而形成了一个孔洞，这一过程是物理变化。另一方面，孔洞的形成也与二氧化碳溶于水后生成碳酸、碳酸溶液腐蚀石头有关，这一过程是化学变化。

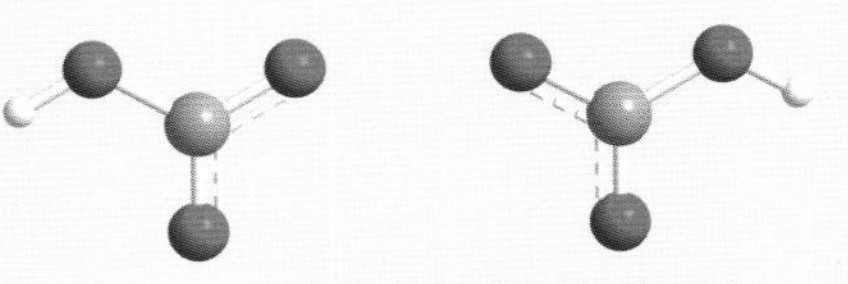

碳酸氢钙分子组成示意图

溶洞现象就是水滴石穿的一个典型例子。溶洞中的水气和二氧化碳含量一般都比洞外高，当水分子和二氧化碳分子相遇后会形成碳酸，碳酸和石头中不溶于水的碳酸钙发生化学反应，生成可溶于水的碳酸氢钙。溶解有碳酸氢钙的水滴在滴落的过程中，由于溶洞温度和压强的变化，可溶于水的碳酸氢钙又会再次分解为不溶于水的碳酸钙、二氧化碳和水。析出的碳酸钙会沿着水滴下落的方向生长，久而久之，美丽的钟乳石就形成了。从本质上来说，钟乳石的形成源自一个可逆的化学反应。

小贴士

地下水（如井水）中常常含有碳酸氢钙、碳酸氢镁等可溶性矿物质，这类水被称为硬水。硬水并不会对健康造成直接危害，但会给生活带来一些麻烦，比如在加热硬水时盛水器具上会结出水垢斑块，用硬水洗涤物品会降低清洁剂的洗涤效果等。

为什么苹果可以催熟其他水果？

图说▶

晶莹剔透、清甜芳香的大苹果，总是令人垂涎欲滴。没熟透的柿子却绿色尽显，又酸又涩。作为“性格慢热”的水果，柿子如果与苹果放在一起，可以逐渐成熟。这是神奇的魔法吗？

不管你是想让水果变得更甜还是更软，都要认识一种奇妙的化学分子——乙烯。它是一种植物激素，是由2个碳原子和4个氢原子组成的化合物。

乙烯分子结构图

乙烯之所以可以作为催熟剂，是因为它能大大提高果实的呼吸强度，并能提高果肉组织对氧气的渗透性，从而使水果中酶的活性进一步增强，大大缩短水果的成熟时间，达到催熟的目的。

一般来说，未成熟的水果，其颜色之所以是青色，是因为其含有大量的叶绿素；它的涩味来自其中的单宁分子；摸上去硬主要是果胶的作用；不甜是因为淀粉还没有转化成糖。在乙烯的刺激下，未成熟的水果会分泌大量的叶绿素酶来分解叶绿素，水果的颜色就会发生变化；分泌的淀粉酶将淀粉转化为糖，增加了水果的甜味；果胶酶的到来则分解掉了一些果胶，从而让水果变软。

不过，水果一旦成熟，即使被摘下了，其内部的化学反应仍难以被遏制。比如，糖类分解成酒精，水果进一步变软……也就是我们肉眼看到的水果变烂了，闻起来还有酒的味道。

另外，如果把乙烯通过化学反应聚合起来，就形成了常见的塑料“聚乙烯”大分子。这是因为分子量变大，分子接触面积变大，分子作用力变强，就从气态的小分子变成了固态的大分子了。

小贴士

乙烯只能催熟水果，与影响人身体发育的激素是两种完全不同的化学物质。只要按照标准使用，乙烯催熟的水果是可以安全食用的。

臭氧层为什么可以吸收紫外线？

图说▶

海边有柔软细腻的沙滩、随风起伏的海浪，还有天空中炽烈的太阳。还好有遮阳伞的保护，我们才免于紫外线的威胁。但是，地球的遮阳伞——臭氧层——却曾经遭受过严重的破坏。到底是什么破坏了臭氧层？

臭氧层是地球高空中一层薄薄的气体，能吸收大部分高能量的紫外线，为地球上的生物提供了一道天然保护屏障，使地表生物免遭太阳紫外线危害。如果臭氧层遭到破坏，其吸收紫外线的能力大幅下降，到达地面的紫外线会急剧增强，这会给地面生物带来巨大的危害。对人类来说，过量照射紫外线会增加患皮肤癌、白内障等疾病的风险。

臭氧分子结构示意图

氧分子由两个氧原子构成，而臭氧分子由三个氧原子构成。在大气层中，一部分氧分子因吸收紫外线而分解为两个氧原子，其中一个氧原子与另一个氧分子结合，就生成了臭氧。臭氧又会与氧原子、氯原子或其他游离性物质反应而分解。正是由于这种反复不断的生成和分解，大气中的臭氧含量才维持在一个相对平衡的状态。

为了防止臭氧层被继续破坏，我们首先要了解其原因。近几十年来，人类向大气中排放了许多氧化亚氮、氯氟烃（俗称氟利昂）、溴氟烃等化学物质，它们是破坏臭氧层的罪魁祸首。排向大气中的氯氟烃或者溴氟烃不断分解臭氧分子，从而打破了大气中臭氧分子的平衡浓度，经年累月，地球上空就会出现臭氧层空洞。

小贴士

生活中，汽油的不完全燃烧、含氟冰箱漏氟等都会产生类似氧化亚氮、氯氟烃和溴氟烃的物质。我们应当采取实际行动，尽量使用无氟的冰箱和空调，并且尽量绿色出行，减少汽车尾气的排放。

琥珀到底是种什么物质？

图说▶

如星火般的宝石，阅尽千年沧桑，带着远古的气息，散发着晶莹的光彩。不知何时，一只蜜蜂被困在了这个隐秘的王国中，一年又一年。困住蜜蜂的物质到底是什么？它又是如何形成的呢？

琥珀是一种透明或半透明的“生物化石”，有时里面还会包裹着植物或者小昆虫，瑰丽异常。从新石器时代开始，它就被人们制作成各种各样的装饰性物品。中国传统医学认为，琥珀具有镇静安神、化瘀止血的功能。

那么，琥珀的成分和形成条件究竟是什么呢？在中国古代，人们认为老虎死的时候，精魄随即进入地下，化为石头，所以称为“虎魄”，后改称“琥珀”，这就是其名称的来源。现代科学表明，琥珀的主要成分是碳、氢、氧组成的化合物，此外还含有少量硫化氢以及微量的铝、镁、钙、硅等元素。

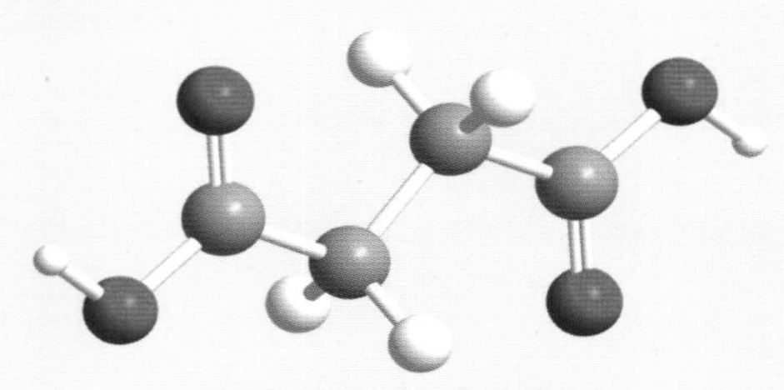
琥珀酸分子结构示意图

琥珀多数由木质结构的植物在一定温度下分泌出很黏稠的树脂，在滴落到地面的过程中可能会包裹住一些植物或者昆虫。树脂被泥土掩埋后，经过地球岩层的高压、高热挤压后氧化，逐渐挥发掉内部的一些成分，最终质变形成琥珀化石。

琥珀的形状多种多样，常常保留着树脂流动时产生的纹路，颜色多为黄色、棕黄色及红黄色。作为一种有机物，琥珀在加热到 150 ℃时会软化，加热到 250 ～ 300 ℃时会熔融，散发出松香气息。优质的琥珀可以加工成珍贵的工艺品，品质一般的则可以用作化工材料。

小贴士

琥珀是大自然的结晶，但现在有些商家为了谋取利益，经常人工制作一些假的琥珀来欺骗消费者，所以在购买琥珀制品时一定要注意区分。

绿色荧光蛋白

小鼠为什么会发光？

图说▶

夜之精灵，张开双臂，在黑暗中跳出心灵的舞曲，激情地摇摆，优美地旋转。为什么跳舞的小鼠可以发出绿色的荧光？是邪恶的魔法还是神奇的科学？

能发冷光的物质称为荧光分子。荧光现象普遍存在于海洋无脊椎动物中。1962 年，日本科学家下村修在一种维多利亚水母中发现了绿色荧光蛋白。他连同美国科学家马丁·查尔菲和钱永健因为发现和改造绿色荧光蛋白而获得了 2008 年的诺贝尔化学奖。

那么，绿色荧光蛋白到底是什么呢？它是由 238 个氨基酸组成的蛋白质大分子。一个绿色荧光蛋白分子就像一个非常小的桶，只有头发丝直径的百万分之一大小，能发光的分子就被包裹在其中。

荧光基团又是如何形成的呢？这种蛋白质上有三个相邻的氨基酸，它们经过化学反应就可以得到，而剩余的氨基酸则形成了非常小的桶将其包裹起来，保证其发光不受外界影响。1994 年，绿色荧光蛋白第一次通过转基因技术在生物体中表达出来。

对绿色荧光蛋白的研究之所以能够获得诺贝尔奖，是因为它在现代生物学中的应用非常广泛。俗话说“眼见为实”，通过转基因技术，绿色荧光蛋白能够帮助科学家“看见”细胞内极其细微的生命活动。

小贴士

现如今，除了绿色荧光蛋白外，科学家们还研究出了需多其他颜色的荧光蛋白，比如蓝色荧光蛋白、蓝绿色荧光蛋白、黄色荧光蛋白、橙色荧光蛋白、红色荧光蛋白等。

萤火虫为什么会发光？

图说▶

仲夏之夜，月朗星稀，幽蓝的天幕，悠远神秘。树林间、草丛中，无数只提着“灯笼”的萤火虫飞舞萦绕，留下斑斑光点，仿佛是落入凡间的星辰。那么这些萤火虫的“灯笼”来自哪里呢？

能够产生生物发光的萤火虫身体中有专门的发光细胞，这些细胞中遍布一种叫作线粒体的细胞器，它能把身体吸收的养分转化成一种叫作三磷酸腺苷（ATP）的高能物质。在发光细胞中还含有两种参与发光的重要成分——荧光素和荧光素酶。荧光素在荧光素酶和氧气的作用下，消耗 ATP，产生不稳定的氧化荧光素。当这种不稳定的状态自发地失去能量变成稳定状态时会释放出可见光。在这三种物质的共同作用下，化学能最终转化成了光能。

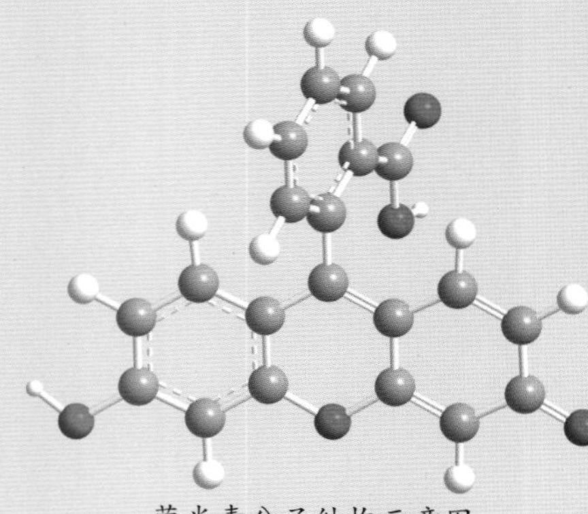
荧光素分子结构示意图

而萤火虫尾部的发光是明暗交替的，这是因为萤火虫能控制对发光细胞的供氧程度。通过对萤火虫的发光研究得知，它们的发光细胞几乎将所消耗的化学能全部转化成了光能，转化效率高达95%，只有很少一部分能量以热的形式耗散掉。人类迄今为止还没能制造出如此高效的光源。

那么萤火虫夜晚为什么要发光呢？就好像黑暗中船只之间通过船上信号灯特定的明暗组合来沟通，萤火虫的光也具有沟通、求偶、照明、警示等作用。

科学家们通过对萤火虫的分析，设想将荧光素酶测定 ATP 技术用于癌症的前期诊断——只要能把荧光素酶送到癌细胞处，根据荧光素的发光强度就可以大致判断癌细胞的扩散情况。

小贴士

萤火虫发出的光线几乎不含热量，我们称之为冷光。这是一种理想的光，这种光一般不含红外线和紫外线。

为什么蜜蜂可以找到其他伙伴？

图说▶

野花盛开，一丛丛、一簇簇，绵延成海。浪漫的季节，遍野嘤嘤嗡嗡，蜂儿忙着欣赏各种花朵。可为什么雄蜂总能找到在树下休息的雌蜂？它们之间是如何传递信息的呢？

很多昆虫之间之所以能互相发现，是因为它们可以释放一类叫作信息素的物质，当这类物质被其他昆虫感知后，它们就会朝着信号的源头聚集。

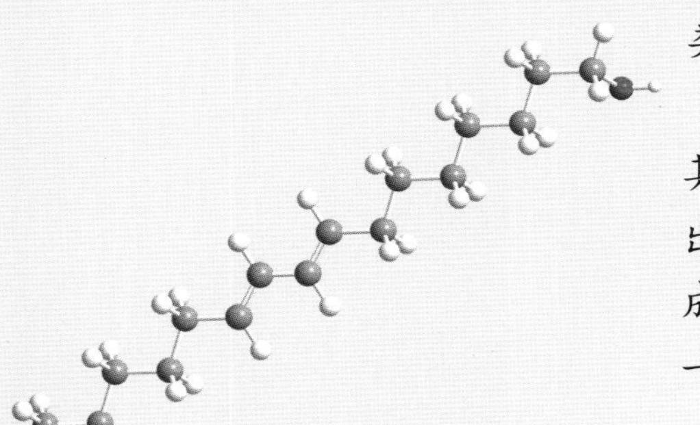

蚕蛾醇分子结构示意图

信息素也称作外激素，是由生物个体分泌的一种能被其他个体感知的物质。这类物质被感知后，感知者会表现出某种行为或生理机制的改变。1959年，一位德国化学家成功地从50万只家蚕雌蛾的提取物中分离并鉴定出了第一种昆虫性信息素——蚕蛾醇。

从功能角度来看，信息素可分为示踪信息素、告警信息素、聚集信息素、性信息素、标志信息素等。顾名思义，示踪信息素和聚集信息素是生物之间的集群信号；告警信息素是生物个体受到攻击时分泌的一种物质，以此提醒同类警戒或者逃避；性信息素是生物个体在求偶时分泌的一种召唤同种异性个体交配的信号物质；标志信息素，是一些生物在其接触过的一些物质上留下的某种特殊物质，以此告诫同种其他个体不要侵入。

那么我们人类有信息素吗？其实，人类的信息素存在与否一直有争议，研究数据比较欠缺，但目前最可能的信息素是叫作雄二烯酮和雌四烯醇的分子。所以，有时人和人之间的相处过程也被描写成人与人之间产生“化学反应”。

小贴士

在昆虫治理方面，我们可以利用昆虫信息素来监测和预测昆虫种群；利用信息素来干扰昆虫的交配或者诱捕昆虫，从而达到调控治理昆虫的目的。

猫薄荷为什么被称为“猫界大麻”？

图说▶

月光如水，清幽而纯净。猫在夜风中恣意起舞，孤独却高傲，尽管没有浪漫的音乐，却依然舞出了最美的姿态。这真的是自然的“魔法”。

很早以前，人们就发现猫在接触了一种植物后，会兴奋地流口水、四处打滚、打呼噜等，于是将这种植物命名为猫薄荷。我们能否从科学的角度解释这种行为呢？

猫薄荷是一种富含大量芳香精油、能够散发特殊气味的植物。它的外表类似薄荷，主要分布在欧洲、北美以及中国西部。

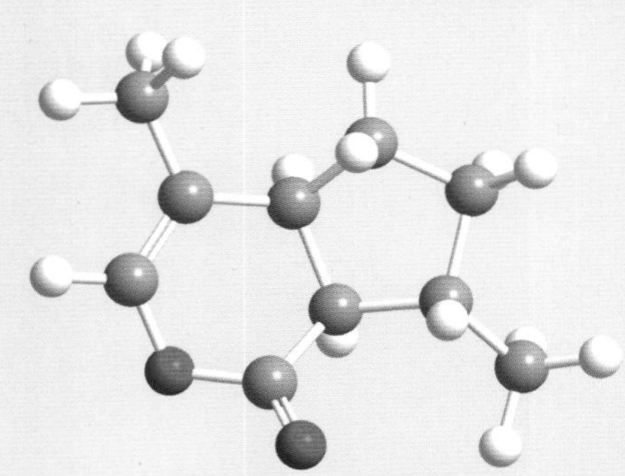
荆芥内酯分子结构示意图

科学家们经过研究发现，猫薄荷中含有一种化学物质——荆芥内酯，属于信息素的一种。荆芥内酯被猫吸入后，会与鼻中的嗅上皮组织结合，刺激与大脑连接的神经元，使多个神经中枢活动发生改变，影响猫对外界的情绪表现。

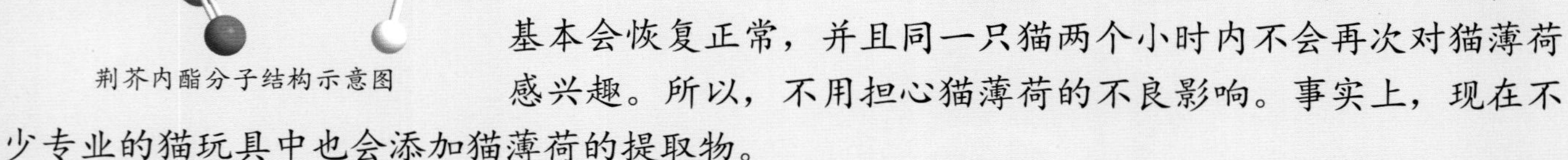

猫薄荷对猫的影响并非成瘾性。猫在接触猫薄荷20分钟后，基本会恢复正常，并且同一只猫两个小时内不会再次对猫薄荷感兴趣。所以，不用担心猫薄荷的不良影响。事实上，现在不少专业的猫玩具中也会添加猫薄荷的提取物。

猫薄荷对人会有什么影响吗？虽然猫薄荷会让猫咪暂时疯狂，但是对人却有镇静的功效，可以调节睡眠、缓解紧张的情绪等。

小贴士

平时家里可以栽些猫薄荷草，它除了能缓解人的紧张情绪之外，还可以驱散蚊子、苍蝇以及蟑螂等害虫，能在一定程度上改善我们的生活环境。

甲壳素

为什么虾的外壳如此坚韧？

图说▶

云深不知处的山中，隐藏着有大智慧的长者、隐退江湖的高手和不世出的神仙。传说的隐士中有一只“太极虾”，它的双钳坚硬如铁，力破砖石，这究竟是神秘的武功还是纯粹的力气大？

虾、蟹等节肢动物的外壳以及真菌、藻类的细胞壁中都含有一种叫作甲壳素的大分子。那么甲壳素到底是一种什么物质呢？甲壳素，又称甲壳质或几丁质，它的化学结构类似于植物中含有的纤维素，是由一个个糖分子聚合而成的，因而也称为动物纤维。

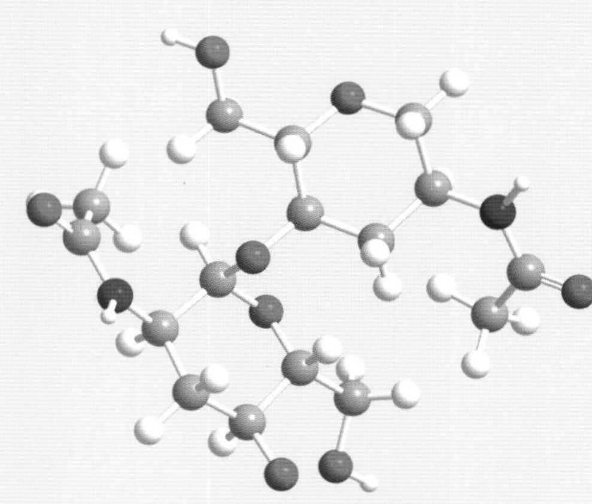

甲壳素分子片段结构示意图

甲壳素也是一种食物纤维束，没有毒性和副作用，只是不容易被消化。蔬果、鸡蛋和牛奶都有助于甲壳素的吸收，这是由于植物和人体肠道细菌中含有的甲壳素酶、去乙酰酶、人体内的溶菌酶以及牛奶鸡蛋中的卵磷脂可以将甲壳素分解成低分子量的糖，容易被人体吸收。

由于甲壳素吸附力强、安全性高，因此在工业生产和日常生活中有着广泛的应用，如可用来净化废水，用作除臭剂、黏合剂等。由于甲壳素本身有抗菌功能，且可被人体降解，因此可以将甲壳素纺成纤维，用作外科手术缝合线。此外，甲壳素还可以降血脂、降血糖、降胆固醇等，对人体有很大的益处。

小贴士

甲壳素虽然有助于人体健康，但它只适宜肠道吸收不良以及高血脂、高血糖、高胆固醇的人群。

皂荚为什么可以去污？

图说▶

波光粼粼的湖面，翻卷着细碎的浪花，水下的游鱼往来嬉戏。美丽的姑娘在水一方，羞涩的表情含苞待放。掬起一捧清澈的湖水，轻轻润湿秀丽的长发。在没有洗发水的年代，乌黑亮丽的长发该如何保持清洁呢？

虽然古人对化工成分知之甚少，但好在自然界中有着足够丰富的原料，凭着大胆尝试，还是开发出了很多洗护用品。其中，皂荚是最常用的。除了洗发，皂荚还有一个更常见的用途就是清洁衣物。

皂苷分子结构示意图

皂荚又名皂角、猪牙皂，之所以具有清洁的功效，是因为它含有一种称为皂苷或皂素的化学物质。皂苷的分子结构具有两亲性：一端亲水，能很好地溶于水；一端亲油，能很好地与头发、衣物上的油渍结合。它的水溶液在受到扰动的时候，可以形成胶束，亲油端“抓住”油渍，亲水端溶在水里，从而将油污从头发、衣物上转移到水里，起到清洁作用。

皂苷的去污作用类似肥皂、洗衣粉和洗衣液中的表面活性剂成分，有着乳化、起泡、去污的作用。此外，皂苷比肥皂耐硬水，而且由于它不含碱性成分，相对于普通肥皂、洗衣粉类的洗涤剂而言，基本不会损伤丝毛类的织物。

小贴士

将皂荚外壳放置在温水中泡制一会儿后，滤去皂荚壳，然后将衣服放入其中搓洗，此时你会发现，有污渍的衣服可以被洗得干干净净，而且避免了洗涤剂的漂白作用。

为什么火烈鸟会褪色？

图说▶

夕阳西下，“半江瑟瑟半江红”，火烈鸟犹如粉色的精灵，给大地增添了几分妩媚与雅韵。但褪色的羽毛却打破了它幽然的姿态，盛大的舞会即将开始，身上褪色了该怎么办？

火烈鸟因全身覆盖着美丽的粉色羽毛而得名，而且羽毛的颜色常常会发生变化，时深时浅，有时甚至会回归到白色。那么，火烈鸟羽毛的颜色为什么会变化呢？这得从它们的饮食习性说起。

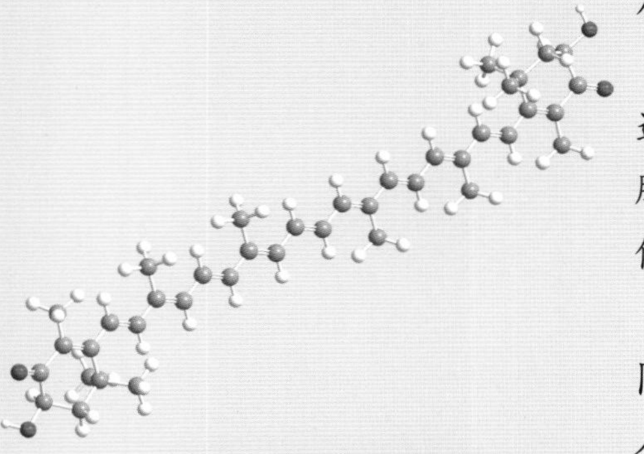
虾青素分子结构示意图

火烈鸟的食物来源主要是浅水处的藻类和浮游生物，这些生物体内含有大量的红色物质——虾青素。火烈鸟肝脏中的酶将虾青素分解成粉色和橘色的色素，这些微粒被储存到火烈鸟的羽毛、嘴巴和腿上，使其呈现出美丽的色彩。

其实，虾青素是一种红色类胡萝卜素，具有两亲性。同时，它也是目前非常强的抗氧化剂之一，能有效地消除人体细胞内的自由基，有助于增强细胞的再生能力。

既然虾青素对人体也有好处，那么虾青素的摄入会让人类的皮肤变红吗？事实上，人体的新陈代谢会将虾青素分解，日常生活中摄入少量虾青素并不会使人皮肤变红，但是长期过量食用也会使皮肤颜色发生改变。

小贴士

由于虾青素在龙虾和螃蟹活体中会与甲壳蓝蛋白结合，使虾青素无法对外表现出红色，所以龙虾和螃蟹活体不会呈现红色。但是，当龙虾和螃蟹被蒸熟后，蛋白质会变性，使虾青素游离出来，它们的外壳就自然而然地显示出红色了。

甲烷为什么是温室气体？

图说▶

巨浪涌起，蓝色的波涛呼啸而来，顷刻间把整个城市淹没。温室气体的增多，导致地球温室效应的增强，进而导致冰川融化、海水暴涨，海水冲破堤岸，冲进人类的家园。什么是温室气体？二氧化碳和甲烷又在其中起了什么作用？

温室气体，在化学定义上，是指由3个及以上原子组成的分子，其特有的振动模式可以强烈吸收热量（红外线）。说到温室气体，我们首先想到的就是二氧化碳了，其实，除了二氧化碳之外，还有一个容易被忽视的温室气体——甲烷。

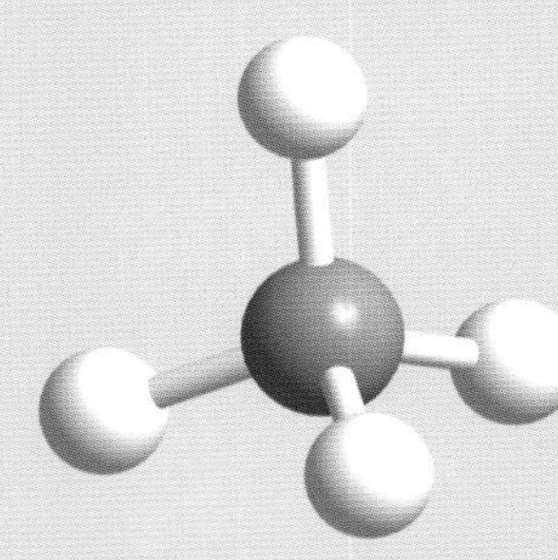

甲烷分子结构示意图

甲烷是结构最简单的烃，由1个碳原子以及4个氢原子组成。标准状态下的甲烷是一种无色无味的气体，虽然在大气中的含量极低，但是甲烷分子吸收红外线的能力是二氧化碳的26倍左右，它造成的温室效应是二氧化碳的25倍以上。

不过，作为天然气的主要成分，由于其高度可燃性，甲烷常常作为燃料使用，其燃烧产物只有水和二氧化碳。如果我们能充分利用甲烷燃烧产生的能量，大力发展固定二氧化碳的技术，就可以在控制温室效应的同时，高效率地利用甲烷气体燃烧所带来的能量。此外，甲烷也是一种常见的化工原料，广泛应用于氢气、一氧化碳、乙炔及甲醛等的生产。

小贴士

广袤的海洋底部蕴藏着丰富的固体甲烷（又称可燃冰），是目前各国争相开发的高效燃料。

为什么花闻起来香香的？

图说▶

揽一抹金色的晚霞，陶醉在百花争艳的芬芳里。闭上眼睛，鼻尖轻嗅的瞬间，晚风拂过，花香沁人心脾。为什么许多花闻起来都是香的呢？

你知道吗？闻起来香香的鲜花中竟然含有“恶臭”的成分——吲哚，这是种集芳香与恶臭于一身的奇特分子。

吲哚，别称苯并吡咯，属于有机分子中的芳香族化合物（注意，此处的“芳香”仅是指电子结构，与分子本身的气味无关），是白色花朵的成分之一，广泛存在于一些类似柠檬油、茉莉花油等精油中，同时又广泛存在于粪便之中。那么，吲哚类分子到底是香的还是臭的呢？其实，吲哚的气味与它在空气中的浓度有关。吲哚在极稀浓度下，确实香气袭人，但是，当其浓度高到一定程度后，人类嗅觉感知到的就是一种臭味。

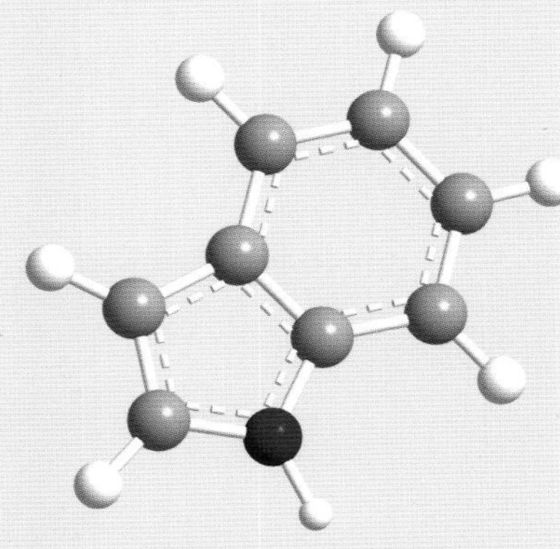
吲哚分子结构示意图

日常生活中，我们不免会遇到一些身上有臭味的人，这极有可能是他们体内的吲哚类分子失调、含量过高导致的。在剧烈运动出汗后，这些臭味会变得异常明显。

在室温下吲哚是固体状态，但是它可溶于热水，因此勤洗热水澡可以去除体臭。吲哚类分子还是一类非常重要的信号分子，能够调节睡眠及很多其他生理活动。

小贴士

自然界中还有很多神奇的分子都具有像吲哚一样的两面性。

为什么飞艇可以在天上飞行？

图说▶

微风徐徐的天台上，入眼的是一片蔚蓝，朵朵白云点缀其间，有着童话般的梦幻。红色的飞艇静静地悬浮在空中，缓缓飘移，为天空添加了一抹绚丽。那么让飞艇飘浮在空中的神秘力量是什么呢？

这种神秘的力量就来自于一种气体——氦气。由于氦气在空气中的含量非常低，约为百万分之五，所以又被称为稀有气体。1895 年，两位英国化学家在用硫酸处理沥青铀矿时第一次发现了氦气的存在。

氦气分子结构示意图

在标准状态（温度为 0 ℃，气压为 1 个大气压）下，氦气是一种无色无味的单原子气体。由于组成氦气的氦原子外层的两个电子非常稳定，在一般条件下不容易发生化学反应，因而氦气也常被称为惰性气体。

氦原子在元素周期表中排名第二，仅次于氢原子，氦气的密度（0.1786 g/L）也与氢气相近，远小于空气的平均密度（1.293 g/L）。就像泡沫可以飘浮在水面上，充满氦气的飞艇也会受到浮力作用，在空气中自发上升。由于越接近高空，空气越稀薄，空气的平均密度也会越小，最终飞艇所受的浮力与自身重力平衡时，就可以平稳地飘浮在空中了。

除了氦气以外，稀有气体还有氖、氩、氪、氙和氡，共计 6 种，现如今它们都已经广泛应用到了光学、冶金或医学等领域。例如过去常用的霓虹灯，其名称“霓虹”就是稀有气体氖的英文名“Neon”的音译。

小贴士

氦气化学性质不活泼，理论上无色、无味、无毒。如果人吸入了氦气，他说话的音调将会变得高而滑稽，与卡通人物类似，因为声音在氦气中的传播速度比空气要快。生活中许多膨化食品的包装中也含有少量氦气，但由于含量很低，没有危害。

为什么水晶有不同的色彩？

图说▶

幽深神秘的洞穴中，晶莹剔透的水晶闪烁着神秘而高贵的光芒，缤纷璀璨，记录着自然的神奇和岁月的变迁。那么水晶到底是如何形成的？为什么自然界中的水晶有那么多种不同的色彩呢？

天然水晶是一种石英结晶体矿物，主要化学成分是二氧化硅。它对生长环境要求相当严格，一般深藏于地底或岩洞中，需要的环境压力为大气压的2～3倍，温度要在550～600 ℃，再经历至少八千万年以上的生长时间，才会规律生长，呈现出六棱柱的外形。

二氧化硅晶体局部结构示意图

纯净的水晶通常是无色透明的，而且有玻璃光泽。水晶的组成与沙子基本相同，但水晶是更为纯净的二氧化硅，而沙子里的杂质较多。当晶体中混有不同的金属离子时，水晶会呈现出不同的颜色。如含有铁离子和锰离子的水晶往往呈现出紫色，含有锰离子和钛离子的水晶一般呈现出玫瑰色。

由于水晶具有透明性、耐热性、抗压性、导热性、旋光性、耐酸碱性、压电性等多种优良物理、化学性能，可被用来制作石英谐振器、超声波发生器和各种测量仪器及光学镜头等。

小贴士

合成水晶，也称人造水晶，是通过仿照自然界天然水晶形成的特定条件，用人工方法合制而成的。目前，运用水热法合成工艺，已生产出茶、紫、绿、黄、红等彩色水晶。水热法合成水晶的物理、化学性质及内部结构均与天然水晶没任何区别，而且杂质含量少。但天然出产的水晶之所以珍贵，恰恰在于其不完美。

贝壳中变幻的色彩来自哪里？

图说▶

汹涌的海浪把贝壳冲上岸边，暴露在沙滩上。贝壳总是用坚硬的外壳抵抗外面的狂风暴雨，而另一面却能在阳光下闪烁着彩虹的斑斓。为什么贝壳可以如此坚固呢？它变幻的色彩又来自哪里呢？

为了保护柔软的身体，一些生活在水边的软体动物会分泌许多物质，在身体周围建起坚固的房子——贝壳。贝壳的主要成分是碳酸钙（和大理石的主要成分相同），占95%左右，但其内壁却拥有珍珠一样的光泽，这是为什么呢？

首先，我们要了解一下贝壳的结构。贝壳一般有三层结构，最外层的壳皮是较薄的角质层，由壳质素组成，有比较强的抗酸碱能力；中间层为较厚的棱柱层，由棱柱状的方解石（主要成分是碳酸钙）组成，起支撑作用；内层为珍珠层，由极细小的叶片状文石（主要成分也是碳酸钙）叠成。贝壳内壁的色彩正是由这种细小的片状堆叠结构造成的。这种本身不含色素却因为自身的微观形状而产生的颜色称为结构色。光线通过珍珠层时，在多层薄片间发生反射和折射，引起光线的干涉，有些颜色的光被抵消掉了，而有些颜色的光则被增强了，因此从不同角度看起来就是五颜六色的了。

碳酸钙分子组成示意图

贝壳内层与珍珠的成分也是一样的，除了碳酸钙外，还含有十多种氨基酸、三十多种微量元素以及多种矿物质。珍珠是一种有机宝石，是内分泌作用生成的大量微小的文石晶体在珍珠贝类和珠母贝类软体动物体内集合而形成的。

小贴士

事实上，在我们的生活中，结构色不仅存在于贝壳内层和珍珠中，还存在于肥皂泡、蝴蝶翅膀、光碟、蛋白石中。

蜂蜜

为什么蜜蜂可以酿出甜美的蜂蜜？

图说▶

花开烂漫的时节里，蜜蜂们从阳光中穿行而来，扇动着晶莹剔透的翅膀，在花丛中轻歌曼舞，优雅地落在怒放的花朵上，吮吸着花朵的甜蜜。这种神奇的小昆虫是如何酿造蜂蜜的呢？

蜂蜜中含有大量的葡萄糖、果糖分子以及各种蛋白质、维生素、氨基酸和矿物质等，是一种富含营养物质且味道甜美的食物。那么蜂蜜是如何酿造出来的呢？

其实酿制蜂蜜是蜜蜂团队精诚合作的产物。

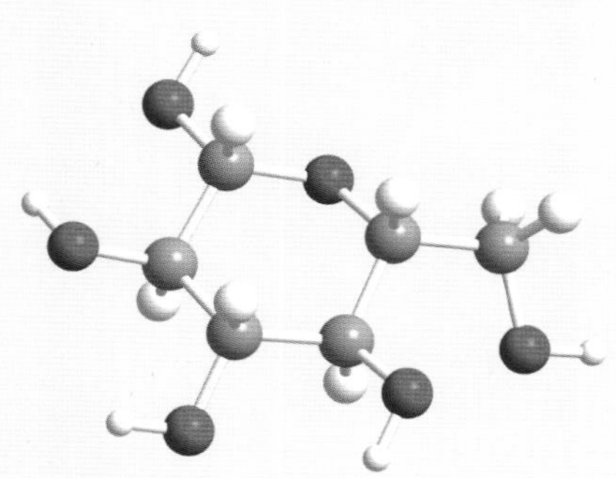

葡萄糖分子结构示意图

蜜蜂先是从植物的花中采集花蜜，存入自己的蜜囊中，然后飞回蜂巢将采集回来的花蜜交给其他“队友”。这时的花蜜还含有大量的水分，蜂巢里的蜜蜂通过振翅扇风，使水分不断蒸发，提高了花蜜的浓度；同时通过将花蜜反复地吸入蜜囊又吐出，向花蜜里混入各种消化酶，这些消化酶促使花蜜中的蔗糖和多糖类物质不断地转化为人体可直接吸收的葡萄糖和果糖分子。当转化达到一定程度之后，蜜蜂会把蜜暂时存放在蜂巢里，糖的转化及蜜汁浓缩的过程会继续进行，直至蜂蜜成熟。然后，蜜蜂就会用蜂蜡将蜂巢的口封住，这时蜂蜜就酿造成功了。

养蜂人发现大量的这种封盖蜜后，会将其取出，把蜂蜜分离出来，再进行过滤等基本处理后，就可以供人们食用了。但是，近年来因为杀虫剂的广泛使用，蜜蜂的种群数量急剧下降，已经到了令人警惕的程度。如果我们还想继续吃到甜美的蜂蜜，就一定要采取必要措施保护环境。

小贴士

在日常生活中，我们会发现蜂蜜在放置一段时间后出现结晶。其实，这是一种自然现象，由于蜂蜜是糖的过饱和溶液，有些蜂蜜在低温时会产生结晶，生成结晶的是葡萄糖，不产生结晶的部分主要是果糖，所以结晶蜜仍可以放心食用。事实上，由于含水量很少，微生物很难生存，蜂蜜几乎可以无限期储存。

纤维素

为什么有些动物可以直接以木头为食？

图说▶

凉爽的晚风从旷野吹来，远处连绵起伏的群山在夜空下若隐若现。很多动物也在这柔美的夜色里，快乐地享用晚餐。为什么这些动物能以人无法消化的草木为主食呢？

植物茎叶中含有大量的纤维素分子，虽然不少动物都以植物为食，但是人类却不能直接消化这些纤维素。为什么纤维素这么难消化呢？

原来纤维素是由葡萄糖组成的大分子多糖，这些大分子之间存在着非常强的相互作用，要想分离它们，十分不易。那些以植物为食的动物体内含有一些共生的细菌，这些共生的细菌可以分泌纤维素酶，能够打破葡萄糖之间的连接，再配合长长的消化道，纤维素就被分解生成可供吸收的葡萄糖了。

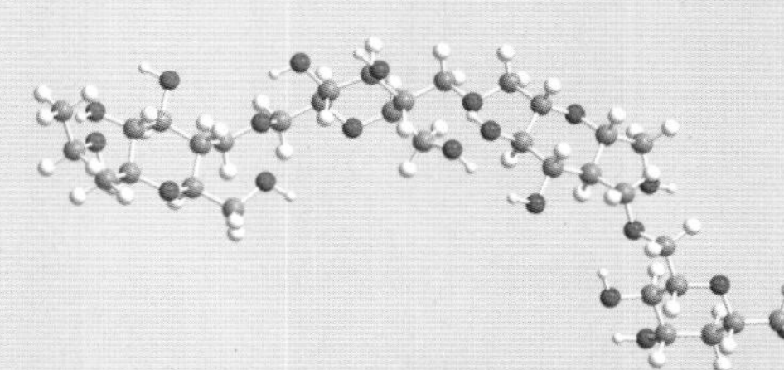

纤维素分子片段结构示意图

虽然不能被人体消化吸收，但纤维素也是健康饮食不可或缺的组成部分。纤维素可以吸附大量水分，使食物残渣膨胀变松，更容易通过消化道，减少粪便中有害物质在肠道中的停留时间。同时，纤维素还具有降低胆固醇、调节血糖反应的功能。

在水果、蔬菜和粗加工的谷类中都含有大量的纤维素。如果因为挑食而减少纤维素的摄入，对健康而言可是有害而无益的。

小贴士

我们常听到的另一个词“纤维”与纤维素可不是同一种东西。纤维指的是天然或人工合成的细丝状物质。我们从植物的种籽、果实、茎、叶等处得到的纤维的主要成分是纤维素；从动物身上得到的纤维，如羊毛、羽绒、蚕丝等，它们的成分是蛋白质，而大部分人工合成的纤维是由化工塑料抽丝而成的。

作者简介

张国庆　美国弗吉尼亚大学博士，曾在哈佛大学从事博士后研究，现任中国科学技术大学教授、博士生导师。曾获美国化学学会授予的“青年学者奖”，入选教育部“新世纪优秀人才支持计划”、中国科学院“卓越青年科学家”项目。迄今已发表 SCI 收录论文 50 多篇。研究方向为荧光软物质的设计与合成、分子材料的电子和电荷转移、单分子荧光成像的合成以及光物理等。除教学、科研工作外，通过开设微信公众号、建网站、做讲座等形式，积极传播科普知识。

李进　青年画家，曾执导人民网“酷玩科技”系列动画、“首届中国国际进口博览会速览”动画。学生阶段的绘画作品曾多次获奖，导演作品《启》入选新锐动画作品辑。作品曾被人民网、光明网、中国长安网等媒体报道。